ANALYSE CHIMIQUE

DES

EAUX MINÉRALES

D'USSAT

PAR M. FILHOL

PROFESSEUR A LA FACULTÉ DES SCIENCES

ET A L'ÉCOLE DE MÉDECINE DE TOULOUSE.

Pamiers

TYPOGRAPHIE DE T. VERGÉ.

—

1856.

ANALYSE CHIMIQUE

DES

EAUX MINÉRALES D'USSAT

PAR M. FILHOL

Professeur à la Faculté des Sciences et à l'École de Médecine de Toulouse.

———◆———

Les Sources Thermales d'Ussat occupent un rang trop distingué parmi les Eaux Salines qui sont disséminées sur divers points de la chaîne des Pyrénées, pour que tout ce qui a trait à leur histoire ne soit pas de nature à intéresser les médecins et les malades. Il est surtout important de rechercher si les travaux considérables que la Commission de l'Hospice de Pamiers a fait exécuter depuis quelques années, dans le but de mieux aménager ces Sources, de les isoler, autant que possible, de tout mélange avec des Eaux étrangères, et, principalement, de les préserver des infiltrations de l'Ariége, ont produit les résultats avantageux qu'on en attendait. Les Eaux sont-elles aujourd'hui mieux captées et mieux aménagées qu'autrefois? leur température est-elle meilleure et surtout plus uniforme? L'action puissamment sédative que l'on a de tout temps reconnue aux Eaux d'Ussat, s'exercera-t-elle sur les malades avec la même intensité ; en un mot, le nouvel état des choses est-il préférable à l'ancien ?

Quelques-unes des questions que nous venons de poser, ne peuvent être résolues, d'une manière certaine, que par l'observation médicale ; d'autres peuvent être élucidées par l'analyse chimique.

Je rechercherai plus tard si les Eaux d'Ussat, considérées au point de vue de leur action thérapeutique, valent aujourd'hui plus ou moins qu'elles ne valaient avant 1838 ; mais je crois utile d'examiner d'abord si leur température a éprouvé un changement notable, et si elles sont actuellement plus ou moins riches en principes minéralisateurs qu'autrefois.

Cette vérification sera d'autant plus facile que les travaux de Figuier nous ont fixé d'une manière positive sur la température de ces Eaux, et sur leur richesse en substances salines ou gazeuses à une époque très antérieure à la construction du nouvel Établissement Thermal.

Ce chimiste, ayant fait évaporer 12 kil. 230 d'Eau Minérale des Bains, obtint un résidu qui pesait 11 gr., ce qui donne pour un kilog. d'eau 0 gr. 899 de résidu sec. La même quantité d'Eau Minérale fournit à Figuier quatre pouces cubes et un sixième d'acide carbonique, ce qui équivaut à 90 centimètres cubes. Un kilogramme d'Eau contenait donc 7 cent. 35 de cet acide.

Les substances dont l'analyse démontra l'existence dans l'Eau d'Ussat sont les suivantes (Eau un litre) :

Chlorure de magnésium........	0 ^{gr}034
Sulfate de magnésie..........	0, 276
Carbonate de magnésie........	0, 010
Carbonate de chaux..........	0, 268
Sulfate de chaux.............	0, 306
PERTE.......	0, 005
TOTAL.......	0 ^{gr}899

L'analyse de l'eau de la Buvette fournit à Figuier les résultats qui suivent :

Chlorure de magnésium........	0 ^{gr}034
Sulfate de magnésie..........	0, 278
Carbonate de chaux..........	0, 262
idem de magnésie........	0, 004
Sulfate de chaux.............	0, 279
PERTE.......	0, 005
TOTAL.......	0 ^{gr}862

En 1808, époque où Figuier exécuta l'analyse des Eaux d'Ussat, la température des Sources Thermales était comprise entre 27 et 30° Réaumur, (33,75 à 37,50 centigrades). Plus tard, en 1815, M. Magnes la trouva comprise entre 31 et 37,95 centigrades. En 1835, M. Fontan constata que l'eau qui alimentait les baignoires n° 1 et 2 était froide, et que la température de la source la plus chaude ne dépassait pas 35,50. M. François, ayant observé de nouveau ces sources en

1838, trouva leur température comprise entre 29,10 et 35,50 centigrades.

Le point d'émergence des Eaux qui alimentaient l'ancien Établissement, était perdu sous d'anciennes alluvions recouvrant le pied de la berge droite de la vallée. L'Eau Minérale formait une sorte de lac souterrain, qui venait alimenter, par petits filets, 32 baignoires irrégulièrement disposées sur le bord du talus.

Les baignoires étaient creusées dans le sol lui-même; leurs parois latérales étaient formées par des plaques d'ardoise, et leur fonds était constitué par le gravier, au travers duquel surgissait l'Eau Minérale qui les alimentait.

Les bains n'étaient séparés de la rivière que par une zone assez étroite (32 mètres) d'alluvions très perméables, qui ne s'opposaient pas complètement au mélange des Eaux Thermales avec l'eau froide, dans l'état ordinaire de l'Ariége, s'élevant quelquefois à deux mètres au-dessus de celui du lac souterrain, il y avait mélange de l'Eau Minérale avec l'eau froide.

Sur les 33 baignoires qui existaient dans l'Établissement, 14 étaient ainsi envahies, de temps en temps, par les eaux de l'Ariége. Cet effet se faisait sentir surtout sur les baignoires n° 1, 2, 13, 14, 17, 18, dans lesquelles on ne pouvait se baigner que vers le 1er juillet, et quelquefois vers le 15.

Dans les basses eaux, le niveau de la rivière étant inférieur à celui du lac, la majeure partie de l'Eau Thermale se perdait dans l'Ariége, et l'eau ne s'élevait plus dans les baignoires qu'à une hauteur de 35 centimètres. Les circonstances que nous venons de faire connaître rendent parfaitement compte des variations de température qui ont été observées par les divers savants dont nous avons rapporté les travaux.

Au moment où la reconstruction des Thermes d'Ussat fut arrêtée, ces variations étaient considérables ; en outre, la quantité d'Eau Minérale qui se perdait dans l'Ariége était telle, qu'en 1839 les Eaux alimentaient difficilement les baignoires, et que le jeu du trop plein général cessa durant quinze jours.

Il était urgent de prendre des mesures efficaces pour faire disparaître les inconvénients nombreux qu'entraînaient les infiltrations d'eau froide à chaque crue de la rivière, et de s'opposer à la perte des Eaux Thermales qui avait lieu dans les temps de sécheresse. L'honorable Inspecteur de l'Établissement Thermal d'Ussat, M. Vergé, réclamait avec instance d'importantes améliorations dont la Commission des hospices comprenait elle-même la nécessité.

Tel était l'état des choses, en 1838, lorsque M. François entreprit de capter les sources dans la montagne elle-même, soit avec les eaux de l'Ariége, soit avec d'autres sources froides, et d'empêcher leur épanchement vers la rivière.

Pour atteindre ce but, l'habile Ingénieur, dont nous venons de parler, fit établir, dans l'intérieur de la montagne, des galeries souterraines qui permirent d'atteindre les griffons d'Eau Minérale dans des conditions où il était facile de les préserver de tout mélange avec des eaux étrangères.

M. François, ayant observé qu'il y avait un point d'équilibre entre les Eaux chaudes s'épanchant vers l'Ariége, et les Eaux froides envahissant les Bains, eut l'heureuse idée de rendre permanent cet état d'équilibre dont la production n'avait lieu que de loin en loin, et pour ainsi dire par hasard. Pour cela, il imagina de substituer aux Eaux de l'Ariége, dont l'action inégale avait pour effet, tantôt de retenir l'Eau Thermale sans se mêler avec elle, tantôt de ne la retenir qu'en partie, et de permettre son écoulement partiel dans la rivière ; tantôt, enfin, de la refouler et de se mêler avec elle, un barrage liquide dont le niveau fut invariable et calculé de manière à établir définitivement cet état d'équilibre que produisait, à certaines époques, l'eau de l'Ariége. En même temps, une Commission nommée par M. le Préfet de l'Ariége, sur la proposition de M. François, décida qu'un nouvel Établissement serait construit, qu'il serait aussi rapproché que possible de la montagne; que les Eaux Thermales y seraient aménagées de telle manière qu'il y aurait des températures constantes, qu'on établirait divers systèmes de douches, etc. Toutes ces améliorations ont été effectuées, depuis, sous la direction de M. François.

Aujourd'hui les Eaux Minérales, captées à l'abri de

tout mélange, sont reçues dans une galerie de distribu-
tion, parallèle au pied de la montagne, à laquelle sont
adossées 40 baignoires en marbre blanc de Carrare. Un
système de retenue en tête des galeries, où naissent les
griffons, permet de régler la température dans les baignoires, de telle sorte que, du sud au nord, on a successivement une série de températures comprises entre
37,75 et 31,25 degrés centigrades.

Des barrages convenables retiennent dans l'intérieur
de la montagne 820 mètres cubes d'Eau Minérale, dont
520 à la température de 31°,50 à 36°,25, et 300 à une
température de 30° ; ces derniers ne sont pas encore
utilisés, mais ils pourront servir plus tard à entretenir
des douches et une piscine natatoire.

Dans l'ancien Établissement, la vidange des baignoires
n'avait lieu que deux fois par jour ; les baignoires se
vidaient toutes en même temps, et il fallait deux heures
et demie pour les remplir de nouveau : il y avait, d'ailleurs, impossibilité de laver leur fonds, et, par conséquent, accumulation sur le sable de toutes les impure-
tés laissées par chaque baigneur.

Aujourd'hui, l'élévation du canal de fuite permet la
vidange des bains, même dans les eaux les plus hautes.
Pour éviter l'épanchement des Sources Minérales vers la
rivière dans les eaux basses, il a été établi un barrage
de circonvallation, à l'extérieur duquel, au moyen
d'une déviation de l'Ariége, on a formé une ceinture de
pression hydrostatique qui opère souterrainement la

retenue des Eaux Thermales. Les bains ont été avancés sous le talus de la montagne, et une digue insubmersible, construite avec les déblais, les met à l'abri des inondations. Les nouvelles baignoires ont leur fonds hermétique ; elles s'alimentent par le bas de la paroi latérale contiguë à la montagne ; elles sont munies d'un trop plein à niveau variable, qui permet de régulariser l'action de l'eau pendant la durée du bain. La vidange de chaque baignoire est indépendante ; elle peut se faire rapidement et à volonté.

Telles sont les améliorations qui ont été la conséquence des travaux que l'Administration de l'Hospice de Pamiers a fait exécuter dans ces dernières années.

L'enceinte liquide, à l'aide de laquelle M. François s'est opposé à l'épanchement des Eaux Thermales vers l'Ariége, avait fait craindre à quelques personnes que l'eau de cette rivière ne se mêlât avec celle des bains. Ce mélange, s'il avait lieu, entraînerait un abaissement de température et une diminution dans la quantité des substances minérales que l'Eau des Thermes tient en dissolution. Les recherches suivantes prouveront que rien de tout cela n'a eu lieu.

Propriétés physiques et organoleptiques des Eaux d'Ussat.

Les Eaux d'Ussat sont limpides, incolores, sans odeur ; leur saveur, peu prononcée, est légèrement amère ; leur température, qui n'éprouve aujourd'hui que des variations à peine sensibles, était la suivante au moment où je les ai visitées (février 1855).

GALERIE n° 1. — Mélange de l'Eau des divers griffons qui alimentent les baignoires : température à l'entrée de la galerie, 37°90.

GALERIE n° 4. — Source chaude........ 29°. — 2ᵉ Source... 28°25.

EAU DES BAINS.

Baignoire n° 1. . . . 35°80
Id.   n° 3. . . . 34,80
Id.   n° 29. . . . 33,75
Id.   n° 38. . . . 31,50

Voici les températures observées, le 12 février, par M. le docteur Vergé :

Baignoire n° 1. . . . 36°25
Id.   n° 3. . . . 35,62
Id.   n° 4. . . . 35,30
Id.   n° 8. . . . 35,30
Id.   n° 15. . . . 35,30
Id.   n° 22. . . . 35,30
Id.   n° 27. . . . 34,06
Id.   n° 29. . . . 34,06
Id.   n° 35. . . . 33,75
Id.   n° 38. . . . 31,55

La comparaison de ces températures avec celles qui

avaient été observées, en 1838, prouve jusqu'à l'évidence que les Eaux d'Ussat sont plus chaudes aujourd'hui qu'à cette époque, d'où l'on a bien le droit de conclure qu'elles sont mieux préservées de tout mélange avec les eaux de l'Ariége. L'analyse chimique nous conduira d'ailleurs à une conclusion semblable, ainsi qu'on le verra plus loin.

Analyse qualitative des Eaux d'Ussat.

L'Eau d'Ussat se comporte comme il suit avec les réactifs :

1° Teinture de tournesol rougie. — Est ramenée au bleu.

2° Acide sulfhydrique. — Pas de précipité ni de coloration.

3° Sulfhydrate d'ammoniaque.   id.

4° Teinture de noix de galles.   id.

5° Potasse. — Précipité blanc, insoluble dans un excès de réactif.

6° Ammoniaque. — Précipité blanc moins abondant.

7° Ammoniaque et sel ammoniac. — Pas de précipité.

8° Eau de chaux. — Précipité blanc.

9° Chlorure de barium. — Précipité blanc dont la majeure partie est insoluble dans l'acide azotique.

10° Azotate d'argent. — Précipité blanc, dont la majeure partie est insoluble dans l'acide azotique.

11° Oxalate d'ammoniaque. — Abondant précipité blanc.

Évaporée à siccité, l'Eau d'Ussat laisse un résidu blanc qui se colore en brun quand on élève graduellement la température jusqu'au rouge. Calciné au contact de l'air, ce résidu perd bientôt la teinte brune qu'il avait prise, et devient d'une blancheur parfaite. Si l'on traite par une petite quantité d'eau distillée le résidu dont nous venons de parler, il se dissout en partie. La solution fournit, avec le chlorure de platine, un léger précipité jaune-serin.

Cette même solution, traitée d'abord par de l'eau de baryte, puis par du carbonate d'ammoniaque, pour précipiter l'excès de baryte, filtrée et évaporée à siccité, fournit un résidu salin, soluble dans l'eau, donnant à ce liquide une forte réaction alcaline, et communiquant à la flamme de l'alcool une teinte jaune, pareille à celle que produisent les sels de soude.

La partie du résidu sec provenant de l'évaporation de l'Eau d'Ussat, qui refuse de se dissoudre dans l'eau, se dissout dans l'acide chlorhydrique en produisant une vive effervescence. La solution acide ne fournit aucun précipité quand on y verse un excès d'ammoniaque; l'oxalate d'ammoniaque y produit un abondant précipité. La liqueur, séparée de l'oxalate de chaux, donne un nouveau précipité quand on y verse du phosphate de soude.

Les réactions que nous venons de signaler prouvent que l'Eau d'Ussat contient : de l'acide carbonique, des carbonates, des sels de chaux, des sels de magnésie;

des sels de potasse, des sels de soude, des chlorures, des sulfates.

Dix litres d'Eau d'Ussat ont été évaporées à siccité avec addition de potasse pure ; la matière sèche, reprise par l'alcool bouillant, a fourni une solution qu'on a fait évaporer aussi. Le résidu de la solution alcoolique a été chauffé au rouge pour détruire la substance organique qu'il renfermait ; on a laissé refroidir ensuite la matière et on l'a traitée par quelques gouttes d'eau, auxquelles on a ajouté un peu de colle d'amidon ; ce mélange, traité par l'acide azotique, n'a pas fourni de précipité, ni de coloration bleue. J'ai fait évaporer à siccité dix litres d'Eau Minérale ; j'ai versé sur les sels provenant de cette évaporation un peu d'acide chlorhydrique pur, et j'ai trempé dans la liqueur acide un peu de papier de curcuma qui n'a pas pris la moindre teinte rouge.

C'est inutilement que j'ai tenté de constater dans l'Eau d'Ussat l'existence du brome, du fluor et de l'arsénic. J'ai dû insister d'autant plus sur la recherche de ce dernier corps, que d'après M. Chevallier, le dépôt ferrugineux qu'abandonne l'Eau d'Ussat contient de l'arsénic (1). Les dépôts que j'ai recueillis à Ussat étaient toujours d'une blancheur parfaite ; ils ne contenaient que des traces de fer. Il y a même si peu de fer dans l'eau, que

_____

(1) *Annuaire des Eaux Minérales de la France*, 2ᵉ et 3ᵉ partie, page 591.

je n'ai pas pu en déterminer la quantité, quoique j'aie opéré sur cinquante litres.

L'Eau d'Ussat ramène légèrement au bleu la teinture de tournesol rougie par les acides. Cette réaction a lieu, même après que l'Eau Minérale a été dépouillée par une longue ébullition des carbonates de chaux et de magnésie qu'elle renferme.

Analyse quantitative.

J'ai rempli exactement d'Eau Minérale un ballon auquel j'ai adapté un tube propre à conduire les gaz. Ce tube venait déboucher sous une éprouvette graduée, pleine d'Eau Thermale. J'ai fait bouillir le liquide pendant une demi-heure et j'ai obtenu 36,10 centimètres cubes de gaz.

Ce gaz était composé de :

Acide carbonique	15, 75
Azote	19, 35
Oxygène	1, 00
Total	36, 10

La capacité du ballon dont je me suis servi étant de 950 grammes, on voit qu'un litre d'Eau Minérale eût fourni :

Acide carbonique	16, 57
Azote	20, 38
Oxygène	1, 05
Total	38, 00

Cinquante litres d'Eau Thermale d'Ussat, puisée à l'entrée de la galerie n° 1, ont fourni un résidu qui pesait, après avoir été chauffé au rouge sombre, 60 gr. 857; ce qui donne, pour un litre, 1 gr. 217 de résidu sec.

Un litre d'Eau, prise au griffon de la source la plus chaude, a fourni 1 gr. 219 de résidu.

Enfin, un litre d'Eau, prise au griffon de la source la moins chaude, a donné 0 gr. 800 de résidu.

Dix litres d'Eau Minérale ont été réduits, par évaporation, à un décilitre; j'ai séparé les sels insolubles qui s'étaient déposés; leur poids était de 8 gr. 833.

L'Eau qui contenait les sels solubles ayant été mise à part pour être examinée ultérieurement, j'ai procédé à l'analyse des sels insolubles.

Traités par l'acide chlorhydrique, ces sels se sont dissous, en partie, en produisant une vive effervescence. La solution acide ayant été mêlée avec son volume d'alcool, a été abandonnée à elle-même pendant vingt-quatre heures. Elle a fourni un dépôt que j'ai réuni à la matière qui avait refusé de se dissoudre dans l'acide chlorhydrique, et le tout a été lavé, à plusieurs reprises, avec de l'eau alcoolisée. Le poids de cette matière insoluble était de 1 gr. 920; elle consistait en sulfate de chaux pur.

Après avoir fait bouillir la dissolution acide pour chasser l'alcool qu'elle contenait, je l'ai sursaturée par l'ammoniaque; j'ai obtenu ainsi un très léger précipité

composé d'oxyde de fer. La liqueur filtrée a fourni, avec
l'oxalate d'ammoniaque, un abondant précipité d'oxalate
de chaux. Ce précipité soumis à des lavages convenables,
séché et chauffé au rouge sombre, a fourni 6 gr. 995
de carbonate de chaux.

La solution séparée de l'oxalate de chaux n'a fourni
qu'une trace de phosphate ammoniaco-magnésien,
quand j'y ai versé du phosphate de soude et de l'ammoniaque.

Sels Solubles.

La liqueur qui tenait en dissolution les sels solubles
dans l'eau, ayant été évaporée à siccité, a laissé un résidu qui pesait, après avoir été chauffé au rouge sombre,
3 gr. 259. Soumis à l'action de l'eau distillée, ce
résidu ne s'y est dissous qu'en partie. La matière qui a
refusé de se dissoudre était blanche, pulvérulente, soluble dans les acides ; chauffée au chalumeau avec un
peu d'azotate de cobalt, elle a pris une couleur rouge-bri-
que ; en un mot, elle possédait tous les caractères de la
magnésie, et provenait évidemment de la décomposition
du chlorure de magnésium. Elle contenait, en outre,
0 gr. 007 de sulfate de chaux. J'ai versé dans la liqueur qui contenait les sels solubles, un excès d'eau de
baryte ; il s'y est produit un abondant précipité que j'ai

séparé par filtration. Après avoir précipité l'excès de
baryte au moyen du carbonate d'ammoniaque, j'ai filtré
de nouveau, j'ai saturé la liqueur par de l'acide chlorhydrique et je l'ai fait évaporer à siccité ; le résidu a été
chauffé au rouge sombre : son poids était de 1 gr. 034.
J'ai fait dissoudre ce résidu dans de l'eau distillée
et j'ai ajouté à la dissolution, du chlorure de platine ; le
mélange a été soumis à l'évaporation, à une douce cha-
leur, jusqu'à dessication complète ; la matière saline, provenant de cette évaporation, a été soumise à des lavages
prolongés avec de l'alcool. Il est resté un précipité jaune-
serin possédant tous les caractères du chlorure double
de platine et de potassium. Ce précipité pesait 0 gr. 510
et correspondait à 0 gr. 150 de chlorure de potassium.

Dix litres d'eau ayant été réduits, par évaporation, à
un demi-litre, j'ai versé dans la liqueur, du sel ammoniac et un léger excès d'ammoniaque. Ces réactifs n'en
ont nullement troublé la transparence ; j'y ai mêlé alors
de l'oxalate d'ammoniaque pour précipiter la chaux.
Après avoir séparé, par le filtre, l'oxalate de chaux qui
s'était produit, j'ai versé, dans la liqueur claire, du phosphate d'ammoniaque ; il s'y est formé, sur-le-champ,
un abondant précipité de phosphate ammoniaco-magnésien. Ce sel a été soumis à des lavages convenables,
puis desséché et calciné au rouge ; son poids était de
2 gr., représentant 0 gr. 740 de magnésie.

Cinq litres d'Eau Minérale, ayant été mêlés avec du
sel ammoniac et de l'ammoniaque en excès, ont donné

un précipité d'oxalate de chaux que j'ai lavé, séché et chauffé au rouge sombre. Ce précipité pesait 4 gr. 494 et correspondait à 2 gr. 520 de chaux.

Cinq litres d'Eau d'Ussat ont fourni, avec l'azotate d'argent, un précipité blanc caillebotté que j'ai lavé avec de l'acide azotique faible, et puis avec de l'eau distillée ; ce précipité pesait, après avoir été fondu, 0 gr. 590, et représentait 0 gr. 155 de chlore.

Cinq litres d'Eau Thermale, mêlés avec un excès de chlorure de barium, ont fourni un précipité qui a été soumis à des lavages successifs avec de l'eau acidulée par l'acide azotique et avec de l'eau pure. Ce précipité pesait, après avoir été chauffé au rouge, 4 gr. 010 et correspondait à 1 gr. 3445 d'acide sulfurique.

J'ai versé, dans une bouteille contenant cinq litres d'Eau d'Ussat, un excès de chlorure de barium ammoniacal ; j'ai bouché immédiatement la bouteille et j'ai laissé reposer le tout pendant 24 heures. Au bout de ce temps, j'ai décanté la liqueur et j'ai recueilli, avec soin, le précipité qui s'était déposé au fonds de la bouteille ; j'ai lavé rapidement ce précipité, autant que possible à l'abri du contact de l'air, je l'ai fait sécher ensuite et j'ai déterminé son poids qui s'est trouvé être de 12 gr. 753. Traité par l'acide chlorhydrique étendu, ce précipité s'est dissous en partie, en produisant une vive effervescence. La portion qui a refusé de se dissoudre pesait 4 gr. 010, et consistait en sulfate de baryte. Le poids du carbonate de baryte qui avait été dissous par l'acide, s'élevait donc à 8 gr. 753 et représentait 1 gr. 942 d'acide carbonique.

Les chiffres suivants résument les résultats de l'analyse dont nous venons de rapporter les détails.

Un litre d'Eau d'Ussat renferme :

Chlore .... 0^{gr} 0310
Acide sulfurique.... 0, 2790
Acide carbonique... 0, 3546
Potasse 0, 0090
Soude 0, 0477
Chaux.......... 0, 4708
Magnésie......... 0, 0740
Oxyde de fer....... traces
                    _____
TOTAL ...... 1^{gr} 2661

Tel est le résultat brut de l'analyse chimique. La nature des sels qui minéralisent l'Eau d'Ussat peut être établie, d'une manière assez probable, à l'aide des considérations suivantes :

L'Eau Minérale laissant dégager, lorsqu'on la porte à l'ébullition, un gaz qui renferme une proportion notable d'acide carbonique, et fournissant, en outre, un dépôt composé de carbonate de chaux, de magnésie et d'oxyde de fer, il est naturel d'admettre qu'elle renferme les carbonates dont nous venons de parler, et que ces carbonates sont tenus en dissolution à la faveur d'un excès d'acide carbonique.

Le dépôt qui se forme dans l'Eau d'Ussat quand on la

fait évaporer, renferme une quantité notable de sulfate de chaux, et l'eau, fortement concentrée, ne contient plus que des traces d'un sel de chaux que l'alcool en précipite en entier, et qui est lui-même du sulfate de chaux. Il serait d'ailleurs impossible, vu les quantités relatives d'acide sulfurique et de chaux qui existent dans l'eau, de ne pas admettre qu'elle renferme du sulfate de chaux en assez forte proportion.

Si, de la quantité totale de chaux qui s'élève à 0 gr 4708 par litre d'Eau Thermale, on déduit 0 gr 3917 qui appartiennent au carbonate de chaux, il reste 0 gr 0791 de chaux qui correspondent à 0 gr 1920 de sulfate de chaux ; 0 gr 1920 de sulfate de chaux contiennent 0 gr 1130 d'acide sulfurique. Si l'on déduit cette quantité d'acide des 0 gr 2730 dont l'analyse indique l'existence dans un litre d'eau, il reste 0 gr 1600 d'acide sulfurique qui doivent être combinés avec la magnésie, la potasse ou la soude. Ces deux dernières bases étant en quantité insuffisante pour saturer l'acide sulfurique, il est évident que l'Eau Minérale contient du sulfate de magnésie ; mais il est probable, ainsi qu'on l'a vu plus haut, qu'elle contient du chlorure de magnésium.

Un litre d'Eau d'Ussat renferme 0 gr 0310 de chlore, qui peut former, en s'unissant à 0 gr 0110 de magnésium, 0 gr 042 de chlorure de magnésium.

Si l'on déduit de 0 gr 0740 de magnésie que contient un litre d'Eau Minérale, 0 gr 0130 qui correspondent à 0 gr 0110 de magnésium, il reste 0 gr 0610 de magnésie qui forment, avec 0 ^{gr} 1181 d'acide sulfuriqne, 0 ^{gr} 1791 de sulfate de magnésie.

Il reste 0 ^{gr} 0419 d'acide sulfurique.

0 ^{gr} 0110 de potasse forment, avec 0 ^{gr} 0090 d'acide sulfurique, 0 ^{gr} 0200 de sulfate de potasse.

Il reste encore 0 ^{gr} 0329 d'acide sulfurique et 0 ^{gr} 0477 de soude.

0 ^{gr} 0329 d'acide sulfurique forment, en s'unissant à 0 ^{gr} 0254 de soude, 0 ^{gr} 0583 de sulfate de soude.

Il reste 0 ^{gr} 0232 de soude qui existent probablement dans l'Eau Minérale à l'état de carbonate, et formeraient 0 ^{gr} 0381 de carbonate de soude.

Je propose donc de représenter comme il suit la composition de l'Eau Minérale d'Ussat : (Eau un litre).

Acide carbonique....		16 ^{gr} 57
Azote		20 , 38
Oxigène		1 , 05
	TOTAL	38 ^{gr} 00

Carbonate de chaux......		0 ^{gr} 6995
id.	de soude	0 , 0381
id.	de magnésie	traces
id.	de fer	id.
Sulfate de magnésie......		0 , 1791
id.	de soude	0 , 0583
id.	de potasse	0 , 0200
id.	de chaux......	0 , 1920
Chlorure de magnésium...		0 , 0420
Matière organique et perte.		0 , 0471
	TOTAL..........	1 ^{gr} 2761

On peut objecter, à l'arrangement que je propose, l'incompatibilité du carbonate de soude et du sulfate de chaux; mais, outre que l'existence simultanée de faibles quantités de carbonate de soude avec les sulfates de chaux et de magnésie a été admise dans beaucoup d'autres eaux par les auteurs les plus distingués, l'alcalinité franche que conserve l'Eau d'Ussat lorsqu'on l'a faite bouillir, pendant assez longtemps, pour en séparer les carbonates de chaux et de magnésie, me paraît une preuve assez forte en faveur de ma manière de voir.

Au reste il serait facile, si l'on ne partageait pas mon avis à cet égard, d'établir la composition exacte de l'Eau Minérale en partant des résultats bruts que j'ai donnés plus haut ; mais, je le répète, l'ensemble des propriétés de l'Eau d'Ussat me porte à la considérer comme légèrement alcaline, et on-peut aisément constater qu'une eau *dépourvue de toute trace d'acide carbonique,* dans laquelle on fait dissoudre successivement du sulfate de chaux et 0 ^{gr} 040 de carbonate de soude par litre, ne donne pas de précipité; ce qui prouve que lorsque la proportion du carbonate alcalin est faible, la double décomposition qui devrait avoir lieu d'après les lois de Bertholet, ne se produit pas.

Quoiqu'il en soit, les résultats de l'analyse qui précède prouvent, jusqu'à l'évidence, que les travaux exécutés pour le captage et l'aménagement des Sources dans le nouvel Établissement, bien loin de nuire à la qualité de l'Eau Minérale, l'ont améliorée en éloignant les eaux superficielles qui se mêlaient autrefois avec l'Eau des Bains.

Il est incontestable que l'Eau des Sources d'Ussat est aujourd'hui plus chaude, plus riche en acide carbonique et en matières salines, et, par conséquent, plus pure qu'à l'époque où Figuier en fit l'analyse.

Toulouse, ce 20 août 1855.

FILHOL signé.

www.ingramcontent.com/pod-product-compliance
Lightning Source LLC
Chambersburg PA
CBHW060538200326
41520CB00017B/5289